A Botânica de Leonardo da Vinci

A Botânica de Leonardo da Vinci

Um ensaio sobre a ciência das qualidades

Fritjof Capra

Tradução
EUCLIDES LUIZ CALLONI

Título original: *La Botanica di Leonardo*.

Copyright © 2008 Aboca
Palestras Internacionais sobre a Natureza e a Ecologia Humana
Coleção organizada por Bruno d'Udine e Massimo Mercati

Capa: *Estudo de Árvore*, Leonardo da Vinci

Todos os direitos reservados. Nenhuma parte deste livro pode ser reproduzida ou usada de qualquer forma ou por qualquer meio, eletrônico ou mecânico, inclusive fotocópias, gravações ou sistema de armazenamento em banco de dados, sem permissão por escrito, exceto nos casos de trechos curtos citados em resenhas críticas ou artigos de revistas.

A Editora Pensamento-Cultrix Ltda. não se responsabiliza por eventuais mudanças ocorridas nos endereços convencionais ou eletrônicos citados neste livro.

Coordenação editorial: Denise de C. Rocha Delela e Roseli de S. Ferraz
Preparação de originais: Roseli de S. Ferraz
Revisão: Yociko Oikawa
Diagramação: Join Bureau

Dados Internacionais de Catalogação na Publicação (CIP)
(Câmara Brasileira do Livro, SP, Brasil)

Capra, Fritjof
A botânica de Leonardo da Vinci : um ensaio sobre a ciência das qualidades / Fritjof Capra ; tradução Euclides Luiz Calloni. – São Paulo : Cultrix, 2011.

Título original: La botanica di Leonardo.
ISBN 978-85-316-1133-9

1. Ciência renascentista 2. Cientistas – Itália – História – Até 1500 – Biografia 3. Cientistas – Itália – História – Século 16 – Biografia 4. Leonardo, da Vinci, 1452-1519 5. Leonardo, da Vinci, 1452-1519 – Cadernos de notas, desenhos, etc. I. Título.

11-06127   CDD-509-2

Índices para catálogo sistemático:
1. Itália : Cientistas : Biografia e obra   509.2

O primeiro número à esquerda indica a edição, ou reedição, desta obra.
A primeira dezena à direita indica o ano em que esta edição, ou reedição, foi publicada.

Edição	Ano
1-2-3-4-5-6-7-8-9	11-12-13-14-15-16-17

Direitos de tradução para a língua portuguesa
adquiridos com exclusividade pela
EDITORA PENSAMENTO-CULTRIX LTDA.
Rua Dr. Mário Vicente, 368 — 04270-000 — São Paulo, SP
Fone: 2066-9000 — Fax: 2066-9008
E-mail: atendimento@pensamento-cultrix.com.br
http://www.pensamento-cultrix.com.br
que se reserva a propriedade literária desta tradução.
Foi feito o depósito legal.

Prefácio

Um agradecimento especial a Fritjof Capra por este segundo livro sobre Leonardo, um texto que nos oferece uma releitura das obras do gênio do Renascimento, situando-o em uma nova dimensão humanístico-filosófica e levando-nos a considerar como reducionista a atenção quase exclusiva dedicada à sua obra científica e artística.

Efetuei os meus primeiros estudos sobre Leonardo ao coordenar pesquisas para o Centro Studi di Aboca Museum sobre receitas e desenhos de plantas medicinais incluídos nas suas obras. Uma síntese dessas pesquisas tornou-se depois conteúdo de um dos painéis de maior relevo do acervo do Museu de Aboca desde a sua inauguração em 2002. Cruzei novamente com a obra de Leonardo em 2005, quando o Centro resolveu aprofundar as pesquisas históricas sobre os "vizinhos de casa" de Leonardo, Piero della Francesca e Luca Pacioli, reproduzindo e examinando a fundo obras desconhecidas, como *De Ludo Scachorum*, de Pacioli, ou não divulgadas, como *De Viribus Quantitate*, também de Pacioli, ou *De Prospectiva Pingendi*, de Piero della Francesca.

Fascinou-me de modo especial a consulta ao manuscrito inédito de Luca Pacioli, *De Divina Proportione*, conservado na Biblioteca Universitária de Genebra. Esse manuscrito, ao lado de outro semelhante preservado na Biblioteca Ambrosiana, nos dá um testemunho preciso da sua colaboração com Leonardo e confirma que Pacioli aprendeu as primeiras noções de matemática e geometria com Piero, que já incluíra no seu *Libellus* os primeiros desenhos de poliedros platônicos.

Agora, com a obra de Capra, vejo-me novamente apreciando a obra de Leonardo sob uma terceira perspectiva, a do estudo dos fenômenos metabólicos da vida e, nas palavras de Capra, dos seus "patterns", matrizes, de organização.

Como o próprio Leonardo já fora crítico severo dos alquimistas da sua época, também hoje podemos afirmar que as matrizes naturais do homem não podem ser superadas por um contexto cada vez mais artificial. Para compreender a complexidade da relação homem-natureza, podemos hoje recorrer aos conhecimentos mais avançados e modernos, da física quântica à matemática não linear, e chegar a uma nova biologia que do estudo dos micro-organismos e do DNA encaminha-se para a compreensão dos sistemas vivos como fenômenos complexos e em constante evolução.

Nessa nova ciência de vanguarda emerge com clareza o valor do natural, contraposto à distensão da síntese e da modificação genética.

Desse ponto de vista, a obra de Leonardo, na magistral interpretação de Fritjof Capra, destaca-se de modo admirável pela modernidade do seu pensamento. Admirável e absolutamente moderna revela-se também a linguagem escolhida por Leonardo: o desenho que se transforma em ciência, capaz de captar a natureza no seu devir e de compreender o que os outros procuravam simplesmente conhecer.

No alvorecer da nova ciência experimental, Leonardo não deixava espaço para o preconceito: na sua obra, observação e representação tornam-se as chaves para uma apreensão da realidade que ainda hoje parece inigualável. Dessa apaixonante análise da obra de Leonardo, na sua progressiva aproximação da natureza íntima das plantas e das árvores, colhe-se no fundo a tristeza pela falta de reconhecimento do valor da sua obra, negligenciada na época diante do avanço de uma forma de pensamento que estava nascendo e que chegará até os nossos dias: ler a natureza para dominá-la, ligar o homem a um fim e considerá-lo divino substituindo o poder da ciência pelo poder da tecnologia.

Desta interpretação da obra de Leonardo que Capra escreveu para nós, brota algo surpreendentemente próximo do pensamento que me levou a conceber o projeto Aboca trinta anos atrás: compreender as plantas, aprofundar as bases científicas da sua utilização para a saúde do homem e dos animais.

O meu pensamento se baseava e se baseia ainda hoje na compreensão de uma simbiose que tem como centro o sistema de relações entre o homem e o seu ambiente. Há trinta anos, não tínhamos ainda os instrumentos científicos que hoje nos permitem aproximar-nos e intuir mais de perto esse valor da natureza. Podemos ler toda a obra de Capra como contribuição fundamental nesse percurso, e este último trabalho, em particular, nos mostra como há mais de quinhentos anos Leonardo se fazia as mesmas perguntas, traçando um caminho que ainda hoje se revela coerente e atual.

Tudo isso assume valor ainda maior na nossa época, quando as distorções de uma humanidade equivocada estão nos levando à beira de um abismo. Em tempos em que a ruptura entre o homem e o seu ambiente prenuncia cenários apocalípticos, o pensamento de Leonardo nos reconduz à origem, à bifurcação que não tomamos, mas com a qual, depois de tanto tempo, talvez ainda possamos nos deparar.

Valentino Mercati
Presidente da Aboca

A Botânica de Leonardo: um ensaio sobre a ciência das qualidades

No início do século XVI, quando Leonardo da Vinci iniciou os seus estudos botânicos avançados, a botânica ainda se encontrava em uma fase puramente descritiva e era considerada apenas como acessória às artes medicamentosas. Também as grandes universidades de Pisa e Pádua, que entre seus professores contavam com alguns dos maiores botânicos da época, nada ensinavam que se pudesse chamar de ciência botânica verdadeira, uma ciência em que as plantas fossem estudadas por si mesmas.

Como em inúmeros outros campos, Leonardo foi muito além dos seus contemporâneos em seus estudos científicos de botânica. Ele não só representou as plantas de modo preciso, mas procurou compreender as forças e os processos subjacentes a essas formas. Nesses estudos, em geral baseados em observações quase inimagináveis para o seu tempo, ele foi pioneiro ao introduzir a botânica na categoria de ciência autêntica.

Leonardo pretendia condensar os seus conhecimentos botânicos em um grande tratado intitulado "ensaio sobre as ervas" – e pode inclusive ter redigido esse manuscrito. Se tivesse sido concluído, esse tratado, hoje perdido, estaria na vanguarda para o seu tempo. Os primeiros estudos sobre as qualidades próprias das plantas só foram publicados vários séculos mais tarde.

Nas páginas que seguem, usarei a botânica de Leonardo para ilustrar as características básicas do seu pensamento científico e da sua síntese original de arte e ciência. A imagem que se revelará é a de um Leonardo da Vinci como pensador sistêmico e ecologista: um cientista e um artista com profundo respeito por todas as formas de vida, cujo legado é extremamente importante para os dias atuais.

Ao tempo em que o jovem Leonardo estudava pintura, escultura e engenharia no estúdio de Andrea del Verrocchio, em Florença, a visão de mundo dos seus contemporâneos continuava entremeada com o pensamento medieval. A ciência no sentido moderno, como método empírico sistemático para obter conhecimento sobre o mundo natural, não existia. O conhecimento dos fenômenos naturais, às vezes mais exato e às vezes impreciso, fora transmitido por Aristóteles e outros filósofos da antiguidade e se misturara com a doutrina cristã dos teólogos escolásticos que o apresentavam como o credo oficialmente autorizado. As autoridades condenavam os experimentos científicos como subversivos, vendo todo ataque à ciência de Aristóteles como um ataque à Igreja. Leonardo da Vinci rompeu com essa tradição:

A Botânica de Leonardo: um ensaio sobre a ciência das qualidades

Farei inicialmente algumas experiências, antes de prosseguir, pois tenho a intenção de apresentar primeiro a experiência e depois, com a razão, demonstrar por que essa experiência é compelida a operar de tal modo; essa é a verdadeira regra segundo a qual os especuladores dos efeitos naturais devem proceder.[1]

Cem anos antes de Galileu e Bacon, Leonardo sozinho desenvolveu uma nova perspectiva empírica com relação à ciência, uma perspectiva que compreendia a observação sistemática da natureza, o raciocínio lógico e algumas formulações matemáticas – as principais características do que hoje conhecemos como método científico. Ele compreendeu perfeitamente que estava realizando um trabalho totalmente novo. Definiu-se humildemente como *homem sem letras*, mas com certa ironia e com orgulho pelo seu novo método, vendo-se como um "intérprete entre a natureza e os homens". Para o lado que se voltasse, havia novas descobertas a fazer, e a sua criatividade científica, que combinava uma apaixonada curiosidade intelectual com uma grande paciência e engenhosidade experimental, foi a principal força que o instigou durante toda a sua vida.[2]

---

[1] Manuscrito E, fólio 55f.
(f: frente)
[2] Capra (2007).

Síntese de arte e ciência

Leonardo era dotado de excepcional capacidade de observação e memória visual. Ele conseguia desenhar vórtices complexos de águas turbulentas ou os rápidos movimentos de um pássaro com uma precisão que só seria alcançada com a invenção da cronofotografia. Ele tinha total consciência do extraordinário talento que possuía. Na verdade, seja como pintor, seja como cientista, considerava o olho o seu principal instrumento. "O olho, que se diz ser a janela da alma", escreveu, "é o principal meio pelo qual o senso comum pode de modo mais copioso e magnífico considerar as infinitas obras da natureza."[3]

A perspectiva de Leonardo com relação ao conhecimento científico era visual: a perspectiva de um pintor. "A pintura abarca em si todas as formas da natureza", declarou.[4] Essa afirmação é a chave para compreender a ciência de Leonardo. Ele repetiu inúmeras vezes, especialmente nos seus primeiros manuscritos, que a pintura compreende o estudo das formas naturais e destacou a íntima conexão entre a representação artística dessas formas e a compreensão intelectual da sua natureza intrínseca e dos princípios subjacentes. Na coletânea de anotações sobre pintura, conhecida como *Tratado da Pintura* [*Trattato della pittura*], ele escreve:

> Com filosófica e sutil especulação, (a pintura) considera todas as qualidades das formas (...) Ela é verdadeiramente ciência e legítima filha da natureza, porque é gerada por essa natureza.[5]

Para Leonardo, a pintura era tanto uma arte como uma ciência – uma ciência de formas naturais, de qualidades, muito diferente da ciência mecanicista de Galileu, Descartes e Newton que surgirá nos séculos seguintes. As formas de Leonardo são formas vivas, continuamente modeladas e transformadas pelos processos subjacentes. Durante toda a sua vida, estudou, desenhou e pintou rochas e sedimentos da terra plasmados pela água; o crescimento das plantas, plasmadas pelo seu metabolismo; e a anatomia do corpo humano em movimento. O instrumento principal de Leonardo para a representação e a análise das formas da natureza era a sua extraordinária facilidade para desenhar, que quase se igualava à agudeza da sua visão. Observação e documentação fundiam-se em um único ato. Usou o seu talento artístico para produzir desenhos incrivelmente belos que frequentemente serviam também como diagramas geométricos. Essa dupla função dos desenhos de Leonardo – como arte e como instrumentos de análise científica – nos mostra por que a sua ciência não pode ser compreendida sem a sua arte, nem a sua arte sem a sua ciência. Para praticar a sua arte, ele precisava da compreensão científica das formas da natureza; para analisar as formas da natureza, ele precisava da habilidade artística de desenhar.

---

[3] Tratado, cap. 9.
[4] Manusc. Ashburnham II, fólio 19v. (v: verso)
[5] Tratado, cap. 6 e 12.

Síntese de arte e ciência

A natureza como um todo era viva para Leonardo e ele observou como os esquemas e os processos no microcosmo do corpo humano eram semelhantes aos do macrocosmo da terra. Em um nível mais fundamental, procurou também compreender a natureza da vida. Isso muitas vezes escapou aos comentadores precedentes porque até pouco tempo atrás, a natureza da vida era definida pelos biólogos apenas em termos de células e moléculas, às quais Leonardo, tendo vivido duzentos anos antes da invenção do microscópio, não tinha acesso. Mas hoje uma nova compreensão sistêmica da vida está emergindo nas fronteiras da ciência – uma compreensão em termos de processos metabólicos e dos seus esquemas de organização. E esses são precisamente os fenômenos que Leonardo investigou durante toda a sua vida.

Os seus estudos sobre as formas vivas da natureza começaram com a manifestação dessas formas ao olhar do pintor e depois prosseguiram na direção de uma detalhada investigação da sua natureza intrínseca. Os fios conceituais unificadores que ligavam o seu conhecimento do macro e do microcosmo eram os esquemas de organização da vida, as suas estruturas orgânicas e os seus processos fundamentais de metabolismo e crescimento.

Uma ciência das formas vivas

Desde as origens da filosofia ocidental e da ciência, existiu tensão entre mecanicismo e holismo, entre o estudo da matéria (ou substância, estrutura, quantidade) e o estudo da forma (ou esquemas, ordem, qualidades). O estudo da matéria era sustentado por Demócrito, Galileu, Descartes e Newton; o estudo da forma, por Pitágoras, Aristóteles, Kant e Goethe. Leonardo seguia a tradição de Pitágoras e Aristóteles e a associou ao seu rigoroso método empírico para formular uma ciência das formas vivas, dos seus esquemas de organização e dos seus processos de crescimento e transformação.

A ciência de Leonardo é uma ciência das qualidades e das proporções, mais do que das quantidades absolutas. Ele preferia *representar* as formas da natureza nos desenhos mais do que *descrever* os seus aspectos, e as analisou nos termos das suas proporções mais que das quantidades calculadas.

Leonardo deslumbrava-se com a grande diversidade e variedade das formas vivas. "A natureza é tão deleitável e exuberante nas suas variações", escreveu em uma passagem sobre o modo de pintar as árvores, "que entre as árvores da mesma espécie não se encontra uma única que se assemelhe a outra; e não só entre as árvores, mas também entre os seus ramos, folhas e frutos, não se encontrará um único que se pareça precisamente com outro."[6]

Além das variações dentro de espécies particulares, Leonardo se interessou pelas semelhanças das formas orgânicas em espécies diferentes e pelas semelhanças de esquemas em fenômenos naturais diversos. Os seus "Taccuini", cadernos de notas ou anotações, contêm uma infinidade de desenhos desses esquemas – semelhanças anatômicas entre a perna de um homem e a de um cavalo, andamentos em espiral nos remoinhos e na folhagem de certas plantas, entre o fluxo da água e o movimento dos cabelos humanos, e assim por diante. Sobre uma folha de desenhos anatômicos, ele anotou que as veias do corpo humano se comportam como laranjas, "as quais tanto mais engrossa a casca e diminui o miolo quanto mais envelhecem".[7] Entre os seus estudos para a *Battaglia di Anghiari* encontramos um paralelo entre as expressões de fúria no rosto de um homem, de um cavalo e de um leão.

Os historiadores da arte geralmente descrevem essas comparações frequentes entre formas e esquemas como analogias, e destacam que as explicações por meio de analogias eram comuns entre os artistas e os filósofos da Idade Média e do Renascimento. Isso é certamente verdade. Mas as comparações de Leonardo entre formas orgânicas e processos em espécies diferentes são bem mais do que simples analogias. Quando investiga as semelhanças entre esqueletos de diversos vertebrados, ele estuda aquelas que os biólogos hoje chamam de

---

[6] Tratado, cap. 501.
[7] Studi Anatomici, fólio 69 v.

Uma ciência das formas vivas

homologias – correspondências estruturais entre espécies diversas, devidas à sua descendência evolutiva de um antepassado comum.

As semelhanças entre as expressões de fúria nas faces de animais e de humanos também constituem homologias, derivadas de aspectos comuns na evolução dos músculos do rosto. A analogia de Leonardo entre a membrana das veias humanas e a casca das laranjas durante o processo de envelhecimento se baseia no fato de que em ambas as situações ele estava observando o comportamento de tecidos vivos. Em todos esses casos, ele compreendeu intuitivamente que formas vivas em espécies diferentes revelam semelhanças de esquemas. Hoje explicamos esses esquemas em termos de estruturas celulares microscópicas e de processos metabólicos e evolutivos. Leonardo, naturalmente, não tinha acesso a esses níveis de explicação, mas percebia de modo correto que no curso da criação (ou evolução, como se diria hoje) da grande variedade das formas, a natureza por vezes usou os mesmos esquemas básicos de organização.

A ciência de Leonardo é extremamente dinâmica. Ele representa as formas da natureza – em montanhas, rios, plantas e no corpo humano – em constante movimento e transformação. A forma, para ele, nunca é estática. Ele compreende que as formas vivas são continuamente modeladas e transformadas por processos subjacentes. Ele estuda os muitos modos como rochas e montanhas são modeladas por turbulentos movimentos da água, e como as formas orgânicas das plantas, dos animais e do corpo humano são modeladas por seu metabolismo. O mundo representado por Leonardo, seja na sua arte, seja na sua ciência, é um mundo que evolui e flui, em que todas as configurações e formas não são senão etapas de um contínuo processo de transformação. "Essa sensação de movimento inerente no mundo", escreve Daniel Arasse, "é absolutamente central na obra de Leonardo porque revela um aspecto essencial do seu gênio, definindo consequentemente a sua peculiaridade entre os seus contemporâneos."[8] Ao mesmo tempo, a sua compreensão dinâmica das formas orgânicas revela semelhanças fascinantes com a nova compreensão sistêmica da vida que surgiu nos últimos 25 anos.[9] Certamente, no jargão científico de hoje, podemos definir Leonardo da Vinci como um pensador sistêmico. Compreender um fenômeno significava para ele relacioná-lo com outros fenômenos por meio de uma afinidade de esquemas. Essa excepcional capacidade de estabelecer relações entre observações e ideias de disciplinas diferentes está no cerne da visão de Leonardo sobre a aprendizagem e a pesquisa. Essa era também a razão por que ele frequentemente se deixava levar e estendia as suas investigações muito além do seu papel original na formulação de uma "ciência da pintura", explorando

[8] Arasse (1998), p. 19.
[9] Capra (1996).

Uma ciência das formas vivas

quase toda a gama dos fenômenos naturais conhecidos na época e também muitos outros até hoje ignorados.

A obra científica de Leonardo permaneceu de fato desconhecida ao longo da sua vida, encoberta por outros duzentos anos subsequentes à sua morte, ocorrida em 1519. As suas descobertas e ideias pioneiras não tiveram influência direta sobre cientistas que vieram depois dele, não obstante sua concepção de uma ciência das formas vivas aparecer em diversos períodos nos 450 anos seguintes. Hoje, do ponto de vista privilegiado da ciência do século XXI, podemos reconhecer Leonardo da Vinci como um precursor de toda uma estirpe de cientistas e filósofos cujo interesse central era a natureza da forma orgânica. Fizeram parte desse grupo Immanuel Kant, Alexander von Humboldt e Johann Wolfgang von Goethe, no século XVIII; Georges Cuvier, Charles Darwin e D'Arcy Thompson, no século XIX; Alexander Bogdanov, Ludwig von Bertalanffy e Vladimir Vernadsky, nos inícios do século XX; Gregory Bateson, Ilya Prigogine e Humberto Maturana, mais para o fim do século XX; e ainda estudiosos da morfologia e teóricos da complexidade contemporâneos, como Brian Goodwin, Ian Stewart e Ricard Solé.

A concepção orgânica da vida sustentada por Leonardo permaneceu como corrente subterrânea da biologia através dos séculos e por breves períodos emergiu e dominou o pensamento científico. Nenhum cientista dessa linhagem, contudo, tinha consciência de que o grande gênio do Renascimento já havia aberto o caminho para muitas ideias que eles estavam explorando. Enquanto os manuscritos de Leonardo acumulavam poeira nas velhas bibliotecas europeias, Galileu Galilei era celebrado como o "pai da ciência moderna". É impossível não se perguntar que rumos o desenvolvimento do pensamento científico ocidental teria tomado se os *Taccuini* de Leonardo tivessem sido conhecidos e amplamente estudados logo depois da sua morte.

Os estudos botânicos de Leonardo

No centro da botânica de Leonardo encontramos dois grandes temas que aparecem de vez em quando em outros ramos da sua ciência – as formas orgânicas da natureza e os esquemas de metabolismo e de crescimento que estão na base dessas formas. Diferentemente de muitos outros estudos científicos, o trabalho de Leonardo em botânica começou relativamente tarde na sua vida. Nos anos anteriores, os desenhos de plantas e árvores foram feitos principalmente como estudos para pinturas. Anotações sobre plantas e paisagens, em geral relacionadas com cor e luz e à exatidão botânica, aparecem nos manuscritos com maior frequência depois de 1500, quando ele tinha 50 anos. A sua habilidade nos desenhos botânicos atingiu o ápice em torno de 1508-10, e só depois de 1510, com Leonardo já sexagenário, foi que os seus experimentos botânicos se tornaram pesquisas puramente científicas distintas das pinturas.

A excepcional obra de Leonardo em botânica, como também as suas contribuições originais para a arquitetura da paisagem e do jardim, são analisadas em detalhe no exaustivo volume do botânico William Emboden, *Leonardo da Vinci sulle piante e i giardini*[10] [*Leonardo da Vinci sobre Plantas e Jardins*]. Este meu ensaio deve muito à análise de Emboden.

[10] Emboden (1987).

Pintores do Renascimento usam seguidamente plantas para decorar os espaços geométricos e abstratos característicos dos quadros da época, especialmente da escola florentina. Essas plantas eram habitualmente dispostas segundo motivos decorativos formais. Algumas eram representadas de modo preciso, enquanto outras eram puramente imaginárias. Além da decoração, muitas plantas na arte do Renascimento tinham outra função importante, especialmente nos quadros religiosos: muitas vezes eram associadas a histórias de fundo religioso bem conhecidas do público e, portanto, tinham a função de transmitir significados através de imagens simbólicas. Leonardo aproveitou esses níveis ulteriores de significado em muitos quadros, representando plantas que conferiam forma concreta aos símbolos correspondentes com grande precisão botânica e um magistral emprego de luzes e sombras. Além disso, preocupava-se em representar as plantas no próprio *habitat* e com suas peculiaridades sazonais. São essas características que tornam as plantas tão especiais nas suas obras-primas.

Quando Leonardo pesquisava "todas as formas da natureza" nos vários ramos da sua ciência, ele sempre procurava os processos e os esquemas de organização que essas formas tinham em comum. Um esquema específico que o fascinou durante toda a vida foi o do *movimento helicoidal*. Creio que ele percebia intuitivamente as dinâmicas do vórtice em espiral e das

Os estudos botânicos de Leonardo

espirais em geral como símbolos da vida orgânica. Para ele, a forma em espiral era um código arquetípico da natureza, sempre em mutação e ao mesmo tempo estável em todas as formas vivas. Ele observou essa forma e a desenhou repetidamente em vórtices giratórios de água e ar, nos esquemas de crescimento de plantas e animais, nos cachos de cabelos, nos movimentos e nos gestos humanos. Hoje, da nossa perspectiva moderna da teoria da complexidade e da teoria dos sistemas vivos, podemos dizer que a intuição de Leonardo era absolutamente correta. A coexistência de estabilidade e mutação que se concretiza na forma espiralada, e especialmente no vórtice espiralado, é na verdade uma característica fundamental de todos os sistemas vivos.[11] Na sua botânica, Leonardo dedicou especial atenção aos modos como as folhas ou os ramos de muitas espécies de plantas e de árvores giram em espiral em torno de um eixo central, e desenhou esses esquemas de crescimento em espiral com absoluta precisão botânica. Às vezes Leonardo representou também folhagem em espiral estilizada para exprimir o seu forte sentido da natureza dinâmica das formas orgânicas. Ele adotou essa atitude muito cedo; de fato, ela já está evidente em um dos seus primeiros desenhos botânicos que chegou até nós.

Na metade dos anos 70 do século XV, quando Leonardo recebeu o título de mestre-pintor, mas ainda trabalhava no estúdio de Verrocchio, seu mestre colaborou com ele no projeto preliminar para um estandarte triangular de tecido que representava um Cupido alado e uma ninfa deitada (Estampa 1). O estandarte fora encomendado em 1475 pela família Medici para um suntuoso desfile preliminar a uma justa, e o desenho, hoje na Galleria degli Uffizi em Florença, é conhecido como "Estudo para a Justa". Sua origem e paternidade foram motivo de polêmica durante muito tempo, mas os estudiosos hoje concordam com relação ao fato de que Verrocchio fez um esboço com giz preto, quase imperceptível no original, dando a Leonardo condições de fixar e elaborar com pena e tinta.[12] Conhecendo perfeitamente o especial talento do seu aluno para reproduzir formas naturais, ele deixou o desenho da paisagem à inteira responsabilidade de Leonardo, que acrescentou as plantas e a moldura de pedra onde está a ninfa.

As plantas de caule longo de onde emerge o Cupido são representadas com tanta precisão, que os botânicos podem identificá-las como uma espécie de erva alta conhecida como painço (*Panicum miliaceum*).

Leonardo, porém, decidiu dar às folhas inferiores um movimento giratório em espiral que não é característico dessa planta. A forma em espiral das folhas foi uma criação original de Leonardo, sem nenhum precedente na arte do Renascimento.[13] Parece que desde o início

[11] Capra (1996) p. 169ss.
[12] Brown (1994).
[13] Ames-Lewis (1999).

Os estudos botânicos de Leonardo

da sua carreira, Leonardo via os esquemas de crescimento das plantas como manifestações de um esquema mais amplo que se manifestava concretamente em várias formas de vida orgânica.

Dez anos depois, a folhagem estilizada em espiral apareceu novamente na primeira obra-prima concluída de Leonardo, *A Virgem dos Rochedos* [*La vergine delle rocce*], que contém todo um ecossistema de plantas reproduzidas de modo admirável. No ângulo inferior esquerdo, Leonardo pintou uma espécie alta de íris conhecida como ácoro-falso (*Iris pseudacorus*, Estampa 2). Ele pintou de modo preciso as suas flores típicas, as folhas achatadas e a forma de espada. Mas enquanto na natureza as folhas emergem do terreno em uma disposição em leque sobre um plano único, Leonardo introduziu um movimento em espiral que é muito semelhante ao do painço que ele havia desenhado na juventude. Nessa obra-prima, hoje no Louvre, a forma em espiral das folhas inferiores da planta é muito mais pronunciada, dando não só um forte sentido de crescimento e vitalidade, mas também uma impressão de irresistível elegância.

14 Um segundo estudo para Leda ajoelhada, agora na coleção Devonshire em Chatsworth, é igualmente em espiral.

Os desenhos de folhagens em espiral feitos por Leonardo alcançaram o apogeu por volta de 1506-08 nos seus estudos para *Leda e o Cisne* [*Leda e il cigno*], onde o tema central do artista era o mistério do poder procriador inerente à vida. Um estudo preliminar, agora na Coleção Rotterdam, mostra um sensual nu feminino que está de joelhos em um pântano úmido e se vira para o cisne à sua direita com um gesto de grande ternura (Estampa 3). A carga erótica da composição é intensificada por uma tabua-larga (*Typha latifolia*) fálica que se projeta para o céu e pelas ervas aneladas aos pés de Leda. O movimento em espiral do corpo de Leda se repete no cisne e na folhagem que os circunda – tudo para simbolizar a abundância das forças geradoras da vida.[14]

Leonardo fez muitos estudos de plantas pantanosas individuais como preparação para *Leda e o Cisne*, inclusive o seu famoso desenho da estrela-de-belém (*Ornithogalum umbellatum*, Estampa 4), a espécie que os botânicos reconheceram nas ervas aos pés da Leda ajoelhada do estudo Rotterdam. A folhagem desse desenho altamente estilizado forma espirais bem exageradas. Na verdade, toda a composição lembra de modo impressionante um vórtice de água. Durante o mesmo período, Leonardo realizou também um estudo da cabeça de Leda (Estampa 5) em que o mesmo movimento em espiral e em vórtice aparece nos seus cabelos – uma ulterior manifestação da espiral como símbolo da fecundidade da natureza e do poder procriador.

"muitas flores reproduzidas ao natural"

Plantas e árvores desempenham um papel importante em quase todas as pinturas de Leonardo. Elas têm um significado simbólico e transmitem uma mensagem metafórica, revelando ao mesmo tempo o profundo conhecimento que o artista tem das formas botânicas e dos processos a elas subjacentes. Tudo indica que as flores foram os primeiros temas de Leonardo quando, ainda menino em Vinci, demonstrou grande aptidão para o desenho. Nos *Taccuini*, muitos anos mais tarde, ele catalogou "muitas flores reproduzidas ao natural" entre as obras que havia produzido na juventude.[15]

A sofisticada compreensão botânica e ecológica de Leonardo revela-se inteiramente na sua primeira obra-prima – *A Virgem dos Rochedos* (Estampa 6). O quadro foi definido como um "*tour de force* geológico" pela representação extraordinariamente precisa das complexas formações geológicas.[16] Com razão, poderia também ser chamado de um "*tour de force* botânico". As plantas luxuriantes que preenchem a gruta rochosa natural são distribuídas no quadro, não segundo um esquema decorativo, mas crescendo apenas em lugares onde o arenito erodido se decompôs o suficiente para favorecer a fixação das raízes. Somente as espécies adaptáveis ao ambiente úmido da gruta natural são representadas, cada uma num *habitat* específico e numa fase de desenvolvimento apropriada do ponto de vista sazonal. Nesses limites botânicos e ecológicos, Leonardo selecionou plantas específicas que sugeriam aos contemporâneos diversos níveis de significados simbólicos sutis associados aos temas religiosos da composição. Atrás do ombro esquerdo da Virgem há uma elegante aquilégia (*Aquilegia vulgaris*). O seu nome latino deriva de águia, pois as flores pareciam lembrar uma garra dessa ave. Na antiguidade, a planta era conhecida também como "erva do leão" e o seu nome comum, "colombina", alude à semelhança da flor com um grupo de pombas. Para a mente renascentista, essas associações eram ricas em simbolismo religioso. A águia e o leão eram os símbolos dos evangelistas João e Marcos, a pomba personificava o Espírito Santo e as folhas tripartidas da aquilégia simbolizavam à perfeição a Santíssima Trindade. Exatamente sobre a mão esquerda da Virgem, com certo esforço pode-se ver um grupo de pequenos remoinhos formados pelas folhas de uma planta conhecida como gálio ou erva-coalheira (*Galium verum*). Em inglês, essa espécie recebe o nome de Leito de Nossa Senhora [Lady's Bedstraw] porque, segundo a lenda, José teria usado sua palha para fazer uma cama para Maria no estábulo, e as suas flores brancas teriam se transformado em ouro reluzente quando Jesus nasceu.

---

[15] Codex Atlanticus, fólio 888 f.
[16] Pizzorusso (1996).

"muitas flores reproduzidas ao natural"

A roseta de folhas sobre o joelho do Menino Jesus foi identificada como do gênero prímula (*Primula vulgaris*), considerada sinal de virtude devido às suas flores totalmente brancas. O botânico Emboden destaca que a pureza de Cristo era normalmente representada por uma rosa branca, mas que Leonardo preferiu a prímula branca porque uma rosa seria inapropriada para a ambientação e para a estação.[17]

Várias plantas no quadro aludem às etapas da Paixão de Cristo. As folhas de palmeira sobre São João Batista, identificadas com o gênero *Raphis*, eram um antigo símbolo de imortalidade, e evidentemente Leonardo pensou em usá-las aqui para anunciar a entrada de Cristo em Jerusalém, exatamente como João Batista havia anunciado Cristo como Messias. Os três grupos de folhas atrás de São João Batista podem pertencer a várias espécies de plantas. De qualquer modo, correspondendo ao período subentendido do ano, Emboden identificou como representantes a anêmona conhecida como trilobada (*Anemone hepatica*), graças às suas folhas tripartidas. Debaixo do Menino Jesus sentado, pode-se ver um pequeno grupo agregado de anêmonas ou flor estrelada (*Anemone hortensis*). A anêmona representa as gotas de sangue de Cristo e acreditava-se que tivesse florido debaixo da cruz no Calvário quando o sangue verteu das feridas de Cristo. Por fim, a ressurreição é simbolizada pelas folhas de acanto (*Acanthus mollis*), entre o joelho direito e o calcanhar esquerdo de São João. Durante a Idade Média e o Renascimento, fazia parte da tradição italiana plantar o acanto sobre os túmulos para simbolizar a ressurreição de Cristo, pois a planta fenece no outono e renasce rapidamente com uma profusão de folhagem verde na primavera.

Já foi citada a elegante íris representada no ângulo inferior esquerdo do quadro, com as suas admiráveis folhas em espiral. Emboden frisa que essa não é a espécie *Iris florentina*, seguidamente representada por Leonardo nos seus desenhos, mas sim a mais ecologicamente apropriada espécie pantanosa *Iris pseudacorus*.[18]

Muitas outras plantas estão representadas em *A Virgem dos Rochedos*, todas escolhidas por suas virtudes simbólicas individuais. Essas incluem o hipericão (*Hypericum perforatum*), a planta consagrada a São João que se acreditava ter poderes de proteção; um ciclamino (*Cyclamen purpurescens*), símbolo do amor e da devoção por suas folhas em forma de coração; várias espécies de fetos, tidos como repositórios benevolentes de almas; e ramos de carvalho (*Quercus robur*), que materializavam centenas de virtudes iconográficas.

Existem duas versões de *A Virgem dos Rochedos*, uma atualmente no Louvre e a outra, pintada vários anos mais tarde, na Galeria Nacional de Londres. Acredita-se em geral que Leonardo tenha deixado o colega pintor Ambrogio De Predis executar boa parte da versão londrina.

[17] Emboden (1987), p. 131.
[18] Emboden (1987), p. 126.

"muitas flores reproduzidas ao natural"

Essa possibilidade parece confirmada por uma comparação dos detalhes botânicos dos dois quadros. Como destaca o botânico William Emboden, há menos espécies de plantas na versão londrina e muitas dessas são representadas de modo pouco preciso e sem o esmero demonstrado na versão do Louvre. Essa constatação leva Emboden a concluir que na versão londrina, "quase certamente a flora não é da mão de Leonardo.... É impossível pensar que o mesmo pintor que, na versão parisiense do mesmo quadro, teve tanto cuidado em reproduzir as plantas com precisão sazonal e ecológica, para não falar da iconografia, tenha produzido uma paisagem incerta com convenções simplistas de apresentações botânicas".[19]

Em 1498, quando Leonardo mal havia terminado *A Última Ceia* e estava no auge da fama, ele decorou um cômodo especial do seu patrono Ludovico Sforza. Conhecido como a *Sala dos Eixos* [*Sala delle Asse*], é um amplo aposento na torre norte do Castelo Sforzesco, em Milão, no qual quatro pequenas luas sobre as quatro paredes se combinam para produzir uma elaborada abóbada. A decoração altamente criativa de Leonardo mostra um pequeno bosque de amoreiras com as raízes no solo pedregoso, os troncos projetando-se para o teto como colunas que sustentam a abóbada verdadeira, os ramos que atravessam a abóbada criando uma estrutura em nervuras góticas entremeadas de elegantes curvas. Os ramos menores e as folhas formam um exuberante labirinto de intrincada vegetação que se expande sobre as paredes e o teto. Toda a composição é integrada e sustentada por um único nó infinito dourado que se entremeia com os ramos segundo os complexos arabescos dos tradicionais motivos em nó, muito populares no século XV.

A pintura na *Sala dos Eixos* é notável em vários níveis. Com o seu vasto conhecimento das plantas, Leonardo conferiu aos ramos e às folhas um aspecto realista de crescimento exuberante, e com graça e harmonia integrou esses esquemas de crescimento natural à estrutura arquitetônica existente e à geometria da decoração formal (Estampas 7 e 8). Além disso, ele inseriu significados múltiplos no frondoso labirinto, excedendo em muito a mera glorificação obrigatória do príncipe Ludovico. A dedicação do aposento à magnificência de Ludovico é evidente. As inscrições sobre quatro placas situadas em posições proeminentes exaltam a sua política, e um escudo representando as armas unidas de Ludovico e de sua mulher Beatrice d'Este adorna o centro da abóbada. Os ramos entrelaçados tinham a função de comemorar a união do casal. Mas o projeto de Leonardo apresenta níveis de significado ainda mais sutis. A amoreira por si só é rica em simbolismo. Uma árvore estilizada com folhas e raízes era um dos emblemas dos Sforza. O pé de amora era uma alusão ao conhecido epíteto do príncipe, *o Mouro* (ver Nota), que significa também "amoreira". Ela era

[19] Emboden (1987), pp. 109 e 132. Nota: A origem desse apelido é incerta, com as tentativas de explicação divergindo mesmo entre autores italianos. As hipóteses variam desde a possível tez morena e cabelos negros de Ludovico, passando por seu segundo nome – Mauro ou Maria – e por um brasão, até a introdução da amoreira na região da Lombardia, onde é chamada de "moron". Em português, a ambiguidade do termo "mouro" é ainda maior, mas provavelmente tem relação com a amora. (N.T.)

"muitas flores reproduzidas ao natural"

também considerada uma árvore sábia e prudente, pois floresce lentamente e amadurece rapidamente, e por isso era vista como símbolo de um governo sábio. Além disso, a amoreira estava associada à produção da seda, uma indústria importante em Milão, que Ludovico incentivava com determinação. Essa relação com a indústria é reforçada pela fita dourada, que não só evoca a elegância da corte dos Sforza, mas também lembra a produção do fio de ouro, outra especialidade milanesa.

Em um nível ainda mais profundo, pode-se interpretar a decoração de Leonardo como um símbolo da sua ciência.[20] Os troncos individuais, ou colunas, sobre os quais se apoia a decoração, podem ser vistos como os tratados que ele havia planejado escrever sobre vários assuntos, alicerçados no terreno do conhecimento tradicional, mas imbuídos da intenção de abrir espaço através das rochas da visão de mundo aristotélica e de levar o conhecimento humano a novas alturas. À medida que os conteúdos de cada tratado eram desenvolvidos, eles se entrelaçavam uns com os outros para formar um todo harmonioso. As semelhanças de esquemas e processos que relacionam diferentes aspectos da natureza fornecem o fio dourado que integra as múltiplas ramificações da ciência de Leonardo em uma visão do mundo unificada.

[20] Capra (2007), p. 63.

Botânica para pintores

Nos primeiros anos, Leonardo desenhou plantas individuais principalmente como estudos para as pinturas. Mais tarde, registrou também nos seus *Taccuini* instruções para pintores relacionadas com a representação dos efeitos de luz e sombra e da diversidade das cores que havia observado na natureza. Essas anotações sobre o modo de pintar plantas e árvores passaram a ser mais frequentes depois de 1500. Elas foram reunidas na seleção clássica de escritos de Leonardo, feita por Jean Paul Richter, na seção intitulada "botânica para pintores".[21] Os excertos contidos nessa seção, ocupando quase 40 páginas, contêm descrições detalhadas de variações sutis de cor e dos efeitos de luz e sombra sobre várias partes de árvores e plantas. No Códice Arundel, por exemplo, Leonardo observou:

> Encontram-se nos campos árvores de diversas tonalidades de verde: algumas escurecem, como o abeto, o pinheiro, o cipreste, o louro, o buxo e semelhantes; algumas amarelecem, como a nogueira e a pereira, a videira e as verduras; algumas tendem para um amarelo forte, como a castanheira e o carvalho.[22]

Leonardo era certamente mestre na representação do aspecto das árvores sob várias condições luminosas. Em um fólio da Coleção Windsor, ele usou com maestria a flexibilidade e a qualidade luminosa do giz vermelho com esse objetivo. Na frente (Estampa 9), representou os efeitos sutis de luz e sombra em um pequeno bosque de árvores a distância, e no verso (Estampa 10), mostrou esses efeitos ópticos em um estudo especialmente elegante de uma única árvore. Debaixo dessa árvore, Leonardo anotou o seguinte:

> A parte da árvore que sobressai à sombra é toda de uma cor, e onde as árvores, ou seja, os ramos são mais espessos, ali é mais escuro, porque nem o ar sequer bate. Mas onde os ramos aparecem sobre outros ramos, ali as partes luminosas são mais claras e as folhas brilham porque o sol as ilumina.[23]

Uma pequena parte apenas dos primeiros estudos de Leonardo sobre plantas chegou até nós. Um dos mais requintados, e talvez o mais famoso, é o seu lírio branco (*Lilium candidum*) dos primeiros anos da década de 1470 (Estampa 11). Esse lírio é da mesma espécie do que está na mão do anjo da *Anunciação* [*Annunciazione*] da Galleria degli Uffizi, mas difere daquele na disposição das flores, botões e folhas. O estudo é um notável testemunho da inigualável maestria de Leonardo nos desenhos botânicos já aos vinte anos de idade. A representação dos estames do lírio, do invólucro em seis partes das pétalas da flor e da

[21] Richter (1970), vol. I, pp. 203 e seguintes.
[22] Codex Arundel, fólio 114b.
[23] Coleção Windsor, Estudos de Paisagem, Água e Plantas, fólio 8v.

Botânica para pintores

disposição das folhas no caule (conhecida pelos botânicos como *phyllotaxis*, filotaxia) é absolutamente precisa.

Entre os estudos botânicos mais valiosos de Leonardo estão vários desenhos de amoras-pretas (*Rubus fruticosus*), que podem ter feito parte das suas ideias para *Leda*. O ramo de amora-preta na Estampa 12 é um exemplo especialmente surpreendente, "talvez o mais completo e entre os mais acabados estudos botânicos de Leonardo", segundo William Emboden.[24]

Dois estudos de plantas aquáticas, sem dúvida para *Leda*, aparecem na frente e no verso do mesmo fólio na coleção Windsor. Na frente (Estampa 13) vemos a elegante representação de uma espadana-da-água (*Sparganium erectum*) em pleno fruto; o verso (Estampa 14) expõe a tabua-larga (*Thypha latifolia*), claramente visível no estudo Rotterdam da Leda ajoelhada (Estampa 3).

Um fólio na coleção Windsor (Estampa 15) mostra um ramo de carvalho com as bolotas representadas em detalhe (*Quercus robur*) perto de um raminho de um legume conhecido como giesta (*Genista tinctoria*). Leonardo usou o carvalho em vários quadros, inclusive em *Leda*, em *Baco* e nas guirlandas em meia-lua de *A Última Ceia*. Nesse estudo, a escala relativa das duas plantas é precisa.

No desenho da planta de caule longo chamada lágrimas-de-jó (*Coix lachryma-jobi*, Estampa 16), as amplas folhas e os frutos característicos em cápsulas são representados de modo exato, enquanto a particular dobradura do caule sugere um estudo ligado às abóbadas arquitetônicas. A planta era relativamente nova na Europa quando Leonardo fez esse desenho. Um elegante desenho da coleção Windsor é o de um viburno (*Viburnum opulus*), uma touceira alta de fruto ácido e de cor coral (Estampa 17). Os ramos de folhas e frutos são representados de modo perfeito.

Leonardo deve ter produzido um número muito maior de estudos de flores e de plantas do que os que conhecemos hoje para ter condições de pintar a *Virgem dos Rochedos*, a *Leda* e o complexo desenvolvimento de exuberante folhagem da *Sala dos Eixos*. Efetivamente, a historiadora da arte Jane Roberts estima que várias centenas de estudos de plantas e flores de sua autoria devem ter se perdido.[25] Leonardo alcançou o ápice dos seus estudos sobre plantas nos desenhos produzidos em torno de 1508-10. A particularidade desses trabalhos é que se distanciam muito dos seus primeiros estudos para as pinturas e assumem as características de ilustrações científicas independentes. Por exemplo, o desenho de uma anêmona (*Anemone nemerosa*) e de um malmequer-dos-brejos (*Caltha palustris*) na coleção Windsor (Estampa 18) representam um refinado estudo botânico comparativo em que

[24] Emboden (1987), p. 153.
[25] Roberts (1989).

Botânica para pintores

as flores das duas espécies são semelhantes, mas as formas das folhas são diferentes. No fólio seguinte (Estampa 19), um junco (*Scirpus lacustris*) é comparado a uma espadana de pântano (*Cyperus monti*). Essas duas plantas aquáticas são de aspecto semelhante, mas pertencem a duas famílias diferentes.

No texto que as acompanha, Leonardo observa a diferença entre as duas espécies, assinalando em particular a angulosidade do caule da espadana.

A transição dos desenhos botânicos de Leonardo, de estudos voltados a pinturas para ilustrações científicas, é acompanhada por uma série de textos que representam as suas primeiras indagações puramente científicas sobre a natureza das formas e dos processos botânicos. Para apreciar o significado dessa evolução no pensamento de Leonardo, precisamos antes de mais nada ter uma ideia da história da botânica como ela se desenvolveu desde a antiguidade, criando o contexto intelectual em que ele atuou.

A botânica da antiguidade ao Renascimento

Através da antiguidade e nos séculos seguintes, o estudo do mundo vivo era conhecido como história natural, e os que a ele se dedicavam eram chamados naturalistas. As ideias dos antigos sobre as plantas e os animais estavam expostas com detalhes nas obras enciclopédicas de quatro mestres – Aristóteles, Teofrasto, Plínio, o Velho, e Dioscórides – todas disponíveis para os humanistas italianos em edições impressas em grego e em latim.

Aristóteles era o autor clássico mais acessível aos estudiosos renascentistas. As suas numerosas obras incluíam muitos tratados sobre os animais, inclusive a *Historia Animalium*. Os comentários de Aristóteles a respeito das plantas eram menos precisos do que as observações sobre os animais, mas o seu discípulo e sucessor Teofrasto era um apaixonado observador botânico. O seu tratado *De Historia Plantarum* foi uma obra pioneira que o tornou famoso como "pai da botânica". Não obstante, embora Teofrasto fosse mestre nas categorias botânicas, os seus estudos permaneceram no nível puramente descritivo. Ele não investigou nenhuma causa fundamental e a sua "ecologia" era fraca e cheia de lacunas. "Era uma grande figura do seu tempo", comenta Emboden, "mas não se deve compará-lo a nenhum botânico renascentista, muito menos a Leonardo da Vinci."[26]

No século I d.C., o naturalista romano Plínio, o Velho (Caius Plinius), escreveu uma monumental enciclopédia intitulada *Historia Naturalis*, em 37 livros, que se tornou a enciclopédia científica favorita na Idade Média e no Renascimento. Nesse volumoso compêndio, Plínio menciona mais de mil plantas, um número jamais reunido em nenhuma outra obra até o Renascimento. Segundo Emboden, porém, "não há nenhuma prova de compreensão ou pesquisa" em nenhum desses registros.[27]

Nos séculos seguintes, a botânica foi frequentemente considerada uma subdisciplina da medicina, dado que as plantas eram estudadas principalmente para aplicação nas artes curativas. Durante séculos, o texto autorizado nesse campo foi *De Materia Medica*, do médico grego Dioscórides, contemporâneo de Plínio. A obra continha referências a 600 espécies de plantas, organizadas em três categorias: aromáticas, alimentares e medicinais. Ela foi rapidamente traduzida para o árabe e para o latim, com algumas edições luxuosamente ilustradas.

A *De Materia Medica* continuou sendo a única autoridade de confiança dos médicos até o Renascimento. Um medicamento que não se encontrasse ali não era considerado genuíno. Esse uso dogmático foi um grande obstáculo para o desenvolvimento de ideias originais no campo da botânica, limitando-a como uma disciplina quase exclusivamente a serviço

[26] Emboden (1987), p. 82.
[27] Emboden (1987), p. 84.

A botânica da antiguidade ao Renascimento

da medicina. Até o século XVI, as plantas não eram estudadas como entidades distintas e independentes, mas apenas como acessórias à cura e às artes médicas. Os únicos outros escritos sobre as plantas tratavam dos seus usos culinários e do seu papel como elementos decorativos do jardim.

O século XV foi a época dos herbários renascentistas – livros botânicos que continham descrições e ilustrações de ervas e plantas e de suas propriedades medicinais. Com a recente invenção da prensa de imprimir, podiam-se produzir muitas cópias de textos padronizados, e o emprego de xilografias e de chapas de cobre possibilitou reproduzir-se pela primeira vez ilustrações com precisão total. Logo milhares de herbários, baseados no *De Materia Medica*, saíram das estamparias de toda a Europa e se tornaram extremamente populares. Os herbários do século XV, em sua maioria, tornaram-se edições múltiplas, muitas vezes com títulos diferentes. Assim uma única obra podia ser conhecida sob diversos nomes, o que causou enorme confusão entre historiadores da botânica e da medicina.

Leonardo conhecia bem os textos dos naturalistas clássicos, mas se recusava a seguir os ensinamentos neles expostos sem uma crítica prévia. De fato, ele desprezava os estudiosos oficiais que se limitavam a citar os clássicos em latim e grego. "Esses andam afetados e pomposos", escreveu cheio de ressentimento, "vestidos e ornados não com as suas fadigas, mas com as fadigas dos outros."[28] Leonardo sempre estudava os textos clássicos com dedicação, mas em seguida os testava submetendo-os a um rigoroso confronto com as suas observações diretas da natureza.

[28] Codex Atlanticus, fólio 323f.

Leonardo, o botânico

Os apontamentos de Leonardo sobre botânica estão esparsos pelos Códices, aos quais acrescenta-se uma extensa seção na Sexta Parte do *Tratado da Pintura*, a famosa antologia que o seu discípulo Francesco Melzi anexou depois da morte do mestre. Como observaram Emboden e outros historiadores, entre os manuscritos remanescentes de Leonardo encontra-se menos da metade do material do *Tratado*, indicando que partes substanciais dos seus escritos se perderam. Com efeito, após exaustiva análise da cronologia do *Tratado*, Carlo Pedretti concluiu que Melzi deve ter copiado as seções relacionadas à botânica de um manuscrito inteiro dedicado à botânica, escrito por Leonardo e perdido.[29]

Emboden também destacou que a apresentação com a anotação botânica no fólio que representa um junco e uma espadana (Estampa 19) sugere uma folha de um tratado sobre plantas, e Pedretti sugeriu que Leonardo talvez se referisse a esse tratado em outro fólio da coleção Windsor, onde menciona um projetado "ensaio sobre as ervas".[30] O formato desse manuscrito poderia ser o dos manuais clássicos, mas o seu conteúdo iria muito além daquele do herbário tradicional. "Tudo indica", escreve Emboden, "que Leonardo teria a intenção de escrever, ou de fato escreveu, um tratado que explicasse cada aspecto do crescimento das plantas por ele conhecido".[31]

No centro da teoria botânica de Leonardo encontramos os dois importantes temas que aparecem também nos outros ramos da sua ciência – as formas orgânicas e os esquemas da natureza e os processos de metabolismo e crescimento que lhes são subjacentes. Nos séculos seguintes, as pesquisas sobre esses dois temas deram origem a dois ramos principais da botânica moderna, a morfologia e a fisiologia das plantas. O termo "morfologia" foi cunhado no século XVIII pelo poeta e cientista alemão Johann Wolfgang von Goethe, e o seu objeto, o estudo da forma biológica, tornou-se a principal preocupação dos biólogos do fim do século XVIII e do início do século XIX. O desenvolvimento da fisiologia das plantas foi favorecido pelos grandes avanços da química no século XVIII. Um século mais tarde, o aperfeiçoamento do microscópio permitiu a expansão de um novo ramo da botânica, a anatomia das plantas, dedicada ao estudo das estruturas e das partes das plantas, incluídas as características invisíveis a olho nu.

Leonardo, portanto, foi um precursor de dois dos três principais ramos da botânica, a morfologia e a fisiologia das plantas.

Nos seus estudos morfológicos, Leonardo observou e registrou vários esquemas de crescimento e ramificação de flores e plantas. Em particular, observou as diversas disposições

---

[29] Emboden (1987), p. 24.
[30] Studi anatomici, fólio 117f.
[31] Emboden (1987), p. 171.

Leonardo, o botânico

de ramos e folhas em torno do caule – um campo de estudos conhecido na botânica moderna como filotaxia. Quanto à fisiologia das plantas, ele se interessava de modo especial tanto pela nutrição das plantas através da luz do sol e da água quanto pelo transporte da "linfa vital" (açúcar e hormônios, na linguagem moderna) através dos tecidos das plantas. Ele distinguiu corretamente dois tipos de tecidos vasculares hoje conhecidos como floema e xilema e fez observações perspicazes sobre os movimentos da linfa por ocasião do corte da árvore. Leonardo foi também o primeiro a reconhecer que a idade de uma árvore corresponde ao número de anéis na seção transversal do tronco, e que a amplitude dos anéis está associada à umidade ou secura desses anéis. Nem todas as observações botânicas de Leonardo eram originais, mas ele sempre as explicitou de modo muito melhor do que os seus contemporâneos. Na verdade, as seções botânicas do *Tratado da Pintura* equivalem a verdadeiros estudos de botânica teórica.

Os esquemas das ramificações

A maior parte das anotações de Leonardo na Sexta Parte do *Tratado da Pintura* são instruções para os pintores sobre o modo de reproduzir plantas, árvores e paisagens nas diversas condições atmosféricas. Um bom terço dessa seção, porém, gira em torno dos seus estudos morfológicos. Em especial, ele descreve e ilustra vários esquemas de filotaxia (disposição dos ramos em torno do caule e do tronco) que são característicos de plantas e árvores.

Leonardo identificou corretamente os três tipos básicos de ramificação: alterna (ramos que mudam de um lado para o outro), oposta (dois ramos que crescem em direção oposta ao mesmo nó) e espiral (ramos consecutivos que giram sobre ângulos iguais em torno do caule). Ele ilustrou essas três tipologias através dos esquemas de ramificação de um olmo, de um sabugueiro e de uma nogueira, respectivamente.

Considerando o fascínio de Leonardo, durante toda a sua vida, pela espiral como esquema arquetípico da vida, não surpreende que tenha dedicado especial atenção aos esquemas de ramificação hoje conhecidos como "filotaxia em espiral". Ele identificou diversas tipologias dessas disposições em espiral de folhas sobre o caule, observando que em cada caso um número exato de rotações em torno do caule completa-se depois de certo número de ramificações. Por exemplo, ele observou que "a natureza dispôs as folhas dos últimos ramos de muitas plantas, de modo que a sexta folha está sempre sobre a primeira, e assim sucessivamente, se a norma não é prejudicada".[32]

Depois de identificar as tipologias básicas dos esquemas de ramificação, Leonardo passou a estudar os processos subjacentes à sua formação. Para começar, ele observou de modo correto que os ramos e os frutos brotam sempre das gemas localizadas exatamente sobre os pontos de fixação das folhas. "Nascendo o ramo ou o fruto no ano seguinte", anotou no Manuscrito G, "da pequena gema brota o olho, que está sobre a junção da folha."[33] Mais adiante no mesmo *Taccuino*, ele acrescentou uma bela metáfora referente ao modo como ele via a folha nutrir e proteger a gema na sua axila (o ângulo formado pelo pecíolo da folha e pelo caule principal):

> Todo ramo e todo fruto germina sobre a brotação da sua folha, a qual lhes dedica cuidados maternos fornecendo-lhes a água das chuvas e a umidade do orvalho, cobrindo-os à noite e muitas vezes abrandando-lhes o calor intenso dos raios do sol.[34]

[32] Manusc. G, fólio 16v.
[33] *Ibidem*.
[34] Manusc. G, fólio 33f.

Os esquemas das ramificações

A mente indagadora de Leonardo não se contentava com a descrição da morfologia da ramificação em termos de axilas e gemas laterais. Ele queria saber o que fazia essas gemas crescerem em lugares específicos, gerando sequências específicas de ramificações.
Ele respondeu a essa pergunta com uma hipótese admirável, sugerindo que os esquemas de ramificação tinham relação com o "humor" ou "linfa vital" que nutre os tecidos da planta:

> Não havendo outros ramos individuais entre uma ramificação e outra, a planta será de grossura uniforme. E isso acontece porque toda a soma do humor que nutre o princípio de tal ramo, o nutre ainda até que surja a outra ramificação; e aquela nutrição, ou seja, igual causa, gera igual efeito.[35]

Essa afirmação, que relaciona a morfologia dos esquemas de ramificação com a fisiologia do fluxo nutritivo, é verdadeiramente extraordinária. "Não é sugestão de menor importância", comenta o botânico Emboden, "que haja um 'humor' estabelecendo uma relação de causa e efeito entre as sequências da ramificação. O que hoje sabemos ser uma atividade condicionada pelos hormônios está associado à inativação de novos ramos em uma área que ... rege um ramo existente em alto nível de atividade, e é aqui sugerido por Leonardo, embora de modo indireto."[36] Com essa sugestão, Leonardo estava séculos à frente do seu tempo. "O distanciamento entre os ramos... permaneceu sem explicação até o século XX", escreve Emboden, "quando os botânicos passaram a conhecer os centros de inativação gerados pela atividade hormonal."[37]
A intuição presciente de Leonardo da relação causal entre o fluxo de linfa e os esquemas de filotaxia levou-o a outra observação extremamente original referente aos níveis sucessivos de ramificação em uma árvore. Em cada nível, afirmou, a área total transversal dos ramos deve permanecer constante. No Manuscrito M, ele ilustrou essa regra de modo claro com dois esboços simples (Estampa 20) e a expressou de modo sucinto em uma passagem do Manuscrito I. "Todos os ramos das árvores", observou, "em cada grau da sua altura, reunidos, são iguais à grossura do seu tronco." E em seguida acrescentou: "Todas as ramificações das águas em cada grau do seu comprimento, sendo de igual movimento, são iguais à grossura do seu princípio".[38]
O que torna a afirmação de Leonardo tão extraordinária não é tanto a sua plausibilidade intuitiva, mas o raciocínio em que ela se baseia. Quando um ramo cresce, afirma Leonardo, a sua espessura dependerá da quantidade de linfa que recebe da área subjacente ao ponto de ramificação. Na árvore como um todo, há um fluxo constante de linfa, que sobe pelo

[35] Manusc. G, fólio 17f.
[36] Emboden (1987), p. 173.
[37] *Ibidem.*
[38] Manusc. I, fólio 12v.

Os esquemas das ramificações

tronco e se divide entre os ramos enquanto flui para o alto e para a parte externa através de ramificações sucessivas. Como a quantidade total de linfa transportada pela árvore é constante, a quantidade transportada por cada ramo será proporcional à sua seção transversal; portanto, a seção transversal total em qualquer nível será igual à do tronco.

O raciocínio de Leonardo é típico do modo de pensar sistêmico que vez por outra encontramos na sua ciência. Depois de estabelecer uma relação conceitual entre a morfologia de ramificações sucessivas e a fisiologia da linfa que flui, em seguida ele compara esse fluxo da linfa com o fluxo da água pelos ramos tributários de um rio. Nos seus extensos estudos sobre o fluxo da água, ele já havia reconhecido e explicitado com clareza o princípio de conservação da massa. Àquela altura foi bastante natural para ele aplicar esse princípio ao fluxo da linfa em uma árvore e deduzir as correspondentes regras de proporção. Além disso, nos seus estudos anatômicos, Leonardo aplicou o mesmo raciocínio ao fluxo do sangue através das ramificações das artérias e das veias e ao fluxo do ar através das ramificações da traqueia, comparando ambas com os esquemas de ramificação de rios e árvores.[39]

No que diz respeito às ramificações das árvores, a botânica moderna demonstrou que a regra de Leonardo não é totalmente precisa, porque o fluxo dos açúcares e dos hormônios não é o único fator que determina a espessura dos ramos. Não obstante, a compreensão intuitiva de Leonardo da relação causal entre filotaxia e o fluxo da linfa, muito antes do desenvolvimento da bioquímica, é realmente admirável.

[39] Galluzzi (2006), p. 196.

O crescimento das plantas

Para Leonardo, não era suficiente descrever "todas as formas da natureza" com grande precisão e representá-las em grandiosos desenhos e quadros. Ele sentia necessidade de aprofundar os seus estudos para compreender a natureza e as causas-raízes dos processos que subjazem às formas vivas e que as plasmam continuamente. Na verdade, a análise dessas relações causais é uma das principais características que distinguem a pesquisa de Leonardo das especulações de outros estudiosos do Renascimento e que a fazem parecer tão moderna. Na botânica, como dito anteriormente, essa perquirição significou estabelecer relações entre as disciplinas agora conhecidas como morfologia e fisiologia das plantas.

Nos estudos sobre o crescimento das plantas, Leonardo se fez perguntas fundamentais sobre muitos processos básicos hoje estudados pelos fisiologistas botânicos: como as plantas conseguem a energia e os nutrientes necessários para o seu crescimento? Como crescem em reação ao estímulo ambiental? Quais são os percursos do fluxo nutritivo através dos seus tecidos? Como as plantas regulam o seu crescimento? Na botânica moderna, essas perguntas encontram resposta na linguagem da bioquímica e da biologia celular e molecular, que incluem conceitos como fotossíntese, tropismo, percursos metabólicos e hormônios das plantas. Leonardo, naturalmente, não tinha acesso a esses níveis de explicação científica. Mas as suas meticulosas observações e a grande intuição sobre a natureza das formas orgânicas o levaram a entender muitos processos notavelmente próximos do conhecimento botânico moderno.

Os antigos acreditavam que para nutrir-se e aumentar a sua massa as plantas comiam terra, literalmente. Para comprovar essa crença, Leonardo, aplicando a mesma metodologia adotada em outros campos, examinou os ensinamentos tradicionais de modo crítico e os submeteu a um pequeno experimento: desenterrou as raízes de uma aboboreira e a fez amadurecer fornecendo-lhe somente água. Ele fez o seguinte registro no Manuscrito G: "Experimentei... deixar só um mínimo de raiz de uma aboboreira, mantendo-a nutrida com água; a aboboreira produziu com perfeição todos os frutos que pôde gerar, cerca de 60 abóboras das longas".[40] Desse experimento, Leonardo chegou à notável conclusão de que "o sol dá espírito e vida às plantas e a terra as nutre com umidade".

Para avaliar a originalidade dessa afirmação e o modo como Leonardo chegou a ela, precisamos lembrar que no início do século XVI nem se ouvira falar em experimentos botânicos.

---

[40] Manusc. G, fólio 32v.

O crescimento das plantas

Um experimento semelhante ao de Leonardo só foi realizado na metade do século XVII. Na década de 1640, o médico belga Jan Baptista van Helmont plantou um pequeno salgueiro em um vaso de terracota, fornecendo-lhe apenas água. Depois de cinco anos, Helmont registrou que o peso da planta havia aumentado de modo substancial, mas que a terra havia perdido uns poucos gramas, apenas, o que o levou a concluir que o acréscimo se devera somente à ação da água.

Hoje sabemos que as conclusões de Helmont eram incorretas, uma vez que a maior parte da massa produzida no crescimento da planta provém do ar. As raízes absorvem água e sais minerais da terra e a linfa resultante dessa absorção sobe para as folhas, onde entra em combinação com o gás carbônico (CO_2) do ar para formar açúcares e outros compostos orgânicos. Nesse processo de fotossíntese, a energia solar é transformada em energia química e liberada nas substâncias orgânicas, enquanto o oxigênio é liberado no ar. A massa do corpo das plantas consiste em átomos pesados de carbono e oxigênio que elas retiram diretamente do ar sob a forma de CO_2. Portanto, embora muitas pessoas tendam a acreditar ainda hoje que as plantas crescem do solo, na realidade a maior parte da massa da planta procede do ar.

[41] Emboden (1987), p. 168.
[42] Manusc. G, fólio 35v.

Tanto Leonardo como Helmont viveram muito antes do advento da química e, por conseguinte, não tinham condições de identificar os complexos processos envolvidos na fotossíntese. Não obstante, como ressalta Emboden, Leonardo aproximou-se mais do nosso entendimento moderno "ao sugerir que o sol e também a umidade do terreno eram responsáveis pela massa do corpo da planta".[41] O papel crucial da luz do sol na fotossíntese foi descoberto pelo fisiologista botânico holandês Jan Ingehouz pelo fim do século XVIII, e um conhecimento pleno da complexa bioquímica desse processo só foi alcançado no século XX. O Manuscrito G contém outra passagem de extraordinária antevisão em que Leonardo parece intuir a função do ar no processo de fotossíntese. Algumas páginas depois da descrição do seu experimento botânico, ele anota:

> Os ramos mais baixos, depois de formar o ângulo de separação do tronco, sempre se dobram embaixo para não se fechar sobre os outros ramos que se sucedem acima deles no mesmo tronco e para melhor poder captar o ar que os nutre.[42]

Essa passagem é digna de nota não só pela brilhante (e correta) sugestão de que as plantas recebem alimento do ar, mas também porque é um exemplo das observações de Leonardo relacionadas ao tropismo, a tendência das plantas a endireitar-se em reação a um estímulo do

O crescimento das plantas

ambiente. Além de observar a inclinação dos ramos em resposta à gravidade, hoje conhecida pelos botânicos como geotropismo, Leonardo observou o fenômeno do fototropismo, a inclinação das plantas na direção da luz. "As extremidades dos ramos", ele registra no *Tratado da Pintura*, "se não são superadas pelo peso dos frutos, voltam-se para o céu o máximo possível."[43] Tanto o fototropismo como o geotropismo foram redescobertos e estudados minuciosamente por Charles Darwin no fim do século XVIII.

Para compreender como as plantas se orientam e crescem de certos modos, Leonardo pôs-se a estudar o fluxo da linfa pelo tecido das plantas, como havia feito para chegar a uma explicação do esquema de ramificação. Ele usou o termo "humor" para o fluido vital essencial das plantas e acreditou que este alimentasse os tecidos das plantas e também regulasse o seu crescimento. Hoje sabemos que a linfa contém açúcares e hormônios e que efetivamente os hormônios influenciam vários aspectos do crescimento das plantas. Os efeitos da atividade hormonal sobre o crescimento das plantas só foram compreendidos no século XX. O fato de Leonardo descrever vários deles de modo qualitativo no início do século XVI é verdadeiramente impressionante.

Nos seus estudos sobre as árvores, Leonardo distingue corretamente entre a camada morta externa da casca da árvore, também conhecida como súber, e a camada viva interna, que os botânicos conhecem como floema e que ele chama de modo muito apropriado de "camisa que está entre a casca e a madeira".[44] Ele descobriu que a função desse tecido vascular é transportar a linfa através da planta, sendo portanto de importância crucial para a manutenção da vida da planta. "Nessa casca e camisa está a vida da planta", registrou no *Tratado*.[45] Seja como for, apesar de identificar a camada interna e a madeira (o floema e o xilema) como dois tecidos distintos, Leonardo não compreendeu que o transporte da água e dos minerais se dá por meio do xilema (ou madeira) no interior do floema. O sistema de transporte do xilema só foi descoberto nas décadas finais do século XVII.

Um bom exemplo das observações botânicas acuradas de Leonardo é o assim chamado crescimento secundário (o aumento do diâmetro da árvore), em que novas células se criam no floema, algumas dessas diferenciando-se em súber, o qual passa a fazer parte da casca enquanto as camadas mais externas da casca se separam para permitir a expansão. Leonardo descreve esse complexo processo de modo perfeito:

> O aumento da grossura das plantas é feito pelo sumo, que se produz no mês de abril entre a camisa e a madeira da árvore; e nesse tempo a camisa se transforma em casca, e a casca adquire novas fissuras nas profundezas das fissuras comuns.[46]

[43] Tratado, cap. 832.
[44] Tratado, cap. 838.
[45] *Ibidem*.
[46] Tratado, cap. 842.

O crescimento das plantas

Ao observar o crescimento secundário, Leonardo percebeu também que algumas células recém-produzidas se diferenciavam na madeira, tornando-se primeiro alburno mole e em seguida cerne que dá força ao tronco. Ele descobriu que esse processo não só produzia o crescimento anual de anéis na seção transversal dos ramos e dos troncos da árvore, e que a idade aproximada de uma árvore cortada pode ser determinada contando esses anéis, mas também – ainda mais surpreendente – que a extensão do anel do crescimento é indicação do clima durante o ano correspondente. "Os círculos dos ramos das árvores cortadas revelam o número dos seus anos", ele registra no *Tratado da Pintura*, "e quais foram mais úmidos ou mais secos, segundo a sua maior ou menor grossura."[47]

Considerando a sua exata localização do fluxo da linfa no floema, ou "casca interna", não surpreende que Leonardo tivesse consciência plena do efeito letal da "incisão circular", em que um anel inteiro da casca é removido. Ele faz o seguinte registro no Manuscrito B: "Removendo um anel da casca da árvore, do anel para cima ela secará e daí para baixo continuará viva."[48]

Como diz Emboden, essa afirmação demonstra que Leonardo compreendeu que a linfa se armazena nas raízes e nas porções inferiores da árvore e que o corte circular, ao impedir o fluxo da linfa armazenada para cima através do floema, interrompe a nutrição vital da árvore.[49] Na verdade, o depósito da linfa nas raízes é mencionado explicitamente em uma anotação do Manuscrito B: "Os troncos das árvores têm superfície globulosa, causada por suas raízes, as quais levam o alimento a essa árvore".[50]

Podemos apenas espantar-nos pelo fato de que, muito antes da descoberta dos hormônios e do advento da bioquímica, Leonardo estivesse em condições de usar a sua extraordinária capacidade de observação e a sua grande intuição para chegar a uma compreensão qualitativa correta dos esquemas da ramificação, do crescimento secundário, dos anéis de crescimento anual, do fototropismo e da reação das árvores às lesões. Como um moderno fisiologista botânico, ele explicou esses fenômenos em termos de peculiaridades específicas no fluxo do fluido vital das plantas através dos seus tecidos vasculares.

As observações altamente apuradas de Leonardo relacionadas às complexas formas botânicas e a sua habilidade em compreendê-las em termos dos processos subjacentes de metabolismo e desenvolvimento colocam-no muito acima dos naturalistas do seu tempo. Como reconhecimento, o fisiologista e estudioso leonardiano Filippo Bottazzi conclui o seu ensaio já clássico, "*Leonardo como Fisiologista*", com a seguinte homenagem:

> Na arte, ele foi supremo entre os grandes; nas ciências mecânicas, foi o primeiro e principal restaurador. Mas a história da biologia moderna começa com ele.[51]

[47] Tratado, cap. 829.
[48] Manusc. B, fólio 17v.
[49] Emboden (1987), p. 172.
[50] Manusc. G. fólio 1f.
[51] Bottazzi (1956).

O crescimento das plantas

Com efeito, Leonardo da Vinci pode ser considerado não só o primeiro botânico moderno, mas também o primeiro ecologista. Nos seus quadros, ele sempre representa plantas em seu *habitat* e a sua síntese entre arte e ciência estava imbuída de consciência ecológica. Ele não percorreu o caminho da ciência e da engenharia para dominar a natureza, como Francis Bacon afirmará um século mais tarde. Ao contrário, ele teve um respeito profundo por toda espécie de vida, uma especial compaixão pelos animais e uma grande deferência e veneração pela complexidade e abundância da natureza. Ele próprio brilhante inventor e *designer*, teve sempre plena consciência de que a engenhosidade da natureza era superior ao desenho humano, e sentiu que seria sábio respeitar a natureza e aprender com ela.

Este modo de ver a natureza como modelo e inspiração foi recuperado hoje, meio milênio depois, na prática do *design* ecológico. Este se baseia em uma atitude filosófica que não vê os seres humanos como separados dos demais seres vivos, mas como profundamente inseridos na comunidade toda da vida na biosfera. Hoje, essa atitude filosófica é promovida pela escola de pensamento conhecida como "ecologia profunda", que vê o mundo vivo no seu ser fundamentalmente interligado e interdependente e que reconhece o valor intrínseco de todos os seres vivos. Surpreendentemente, os *Taccuini* de Leonardo contêm uma expressão explícita dessa visão:

> As virtudes das ervas, das pedras e das plantas não existem porque os homens não as tenham conhecido (...) Mas diremos que essas ervas permanecem nobres em si mesmas sem a ajuda das línguas ou letras humanas.[52]

Na minha opinião, esta profunda consciência ecológica é a razão principal por que a ciência das qualidades de Leonardo é imensamente relevante para o nosso tempo.

[52] Tratado, cap. 34.

Os *Taccuini* de Leonardo
Edições em facsímile
e Transcrições citadas

Notas

As citações dos manuscritos de Leonardo nas notas se referem às seguintes edições acadêmicas.

Studi anatomici [Estudos anatômicos] (Coleção Windsor)
Kenneth Keele e Carlo Pedretti (orgs.), *Leonardo da Vinci: Corpus of the Anatomical Studies in the Collection of Her Majesty the Queen at Windsor Castle*, 3 vols., Harcourt Brace Jovanovich,
Nova York, 1978-80. (ed. it., Giunti, Florença, 1980-1985).

Disegni e carte miscellanee [Desenhos e cartas, miscelânea] (Coleção Windsor)
Carlo Pedretti (org.), *The drawings and Miscellaneous Papers of Leonardo da Vinci in the Collection of Her Majesty the Queen at Windsor Castle*, 2 vols, Harcourt Brace Jovanovich, Nova York, 1982.
 Volume I: Landscape, Plants and Water Studies
 Volume II: Horses and Other Animals
A edição completa comprenderá quatro volumes; volumes III e IV ainda inéditos.

Códice Arundel
Leonardo da Vinci, *Il Codice Arundel 263 nella British Library: edizione in facsimile nel riordinamento cronologico dei suoi fascicoli; Carlo Pedretti, org.; transcrição e notas críticas de Carlo Vecce*, Giunti, Florença, 1998.

Códice Atlântico
Leonardo da Vinci, *Il Codice Atlantico della Biblioteca Ambrosiana di Milano, transcrição diplomática e crítica de Augusto Marinoni*, Giunti, Florença, 1975-80.

Manuscritos no Istitut de France
Leonardo da Vinci. *I manoscritti dell'Istitut de France, edizione in* facsimile *sotto gli auspici della Commissione nazionale vinciana e dell'Istitut de France, transcrição diplomática e crítica de Augusto Marinoni*, Giunti, Florença, 1986-90.

(Manuscritos A,B,E,G,I; Manusc. A compreende, integrado, Ashburnham II, elencado também como B.N. 2038; Manusc. B compreende, integrado, Ashburnham I, também elencado como B.N. 2037.)

Trattato della Pittura [Tratado da Pintura] (Códice Urbinate)
Leonardo da Vinci, *Libro di pittura, Codice Urbinate lat. 1270 nella Biblioteca apostolica vaticana, Carlo Pedretti, org., transcrição crítica de Carlo Vecce*, Giunti, Florença, 1995.

Bibliografia

Ames-Lewis, Francis. "Leonardo's Botanical Drawings". In Claire Farago, ed.,
Leonardo's Science and Technology. Garland Publishing, Nova York, 1999.

Arasse, Daniel. *Leonardo da Vinci: The Rhythm of the World*. Konecky & Konechy, Nova York, 1998.

Bottazzi, Filippo. "Leonardo come fisiologo". In *Leonardo da Vinci*, DeAgostini, Novara, 1956.

Brown, David Alan. "Verrocchio e Leonardo: studi per la *Giostra*". In Elizabeth Cropper (org.), *Disegno fiorentino al tempo di Lorenzo il Magnifico*, Nuova Alfa Editoriale, Bologna, 1994.

Capra, Fritjof. *La rete della vita*. Rizzoli, Milão, 1997.

Capra, Fritjof. *La scienza universale. Arte e natura nel genio di Leonardo*. Rizzoli, Milão, 2007.

Emboden, William. *Leonardo da Vinci on Plants and Gardens*. Discorides Press, Portland, Óregon, 1987.

Galluzzi, Paolo (org.). *La mente di Leonardo*. Giunti, Florença, 2006.

Pizzorusso, Ann. "Leonardo's Geology: The Authenticity of the Virgin of the Rocks". *Leonardo,* vol. 29, nº 3, pp. 197-200. MIT Press, 1996.

Richter, Jean Paul (org.). *The Notebooks of Leonardo da Vinci*, 2 vols. Dover, Nova York, 1970.

Roberts, Jane. "The Life of Leonardo." In *Leonardo da Vinci: Artist, Scientist, Inventor*. Catalogo per la mostra presso la Hayward Gallery, Yale University Press, New Haven, Conn., 1989.

Estampas

Estampa 1

Andrea del Verrocchio e Leonardo da Vinci,
"Estudo para a *Justa*", c. 1474, Galleria degli Ufizzi, Florença,
Seção de Desenhos e Estampas, 212 E.

O painço (*Panicum miliaceum*), representado à esquerda com folhas inferiores intencionalmente espiraladas, é um dos primeiros desenhos botânicos conhecidos de Leonardo.

Estampa 2

Detalhe de *A Virgem dos Rochedos*, c. 1483-86,
Museu do Louvre, Paris.

Leonardo introduziu na folhagem do ácoro-falso ou lírio-amarelo (*Iris pseudacorus*) um movimento em espiral semelhante ao do painço representado na Estampa 1. Neste detalhe, porém, o movimento é muito mais evidente, transmitindo uma forte sensação de crescimento e vitalidade associada a uma grande elegância.

Estampa 3

Estudo para *Leda e o Cisne*, c. 1505,
Boymans-van Beuningen Museum, Rotterdam.

Este é um dos vários estudos de uma Leda ajoelhada. A carga erótica da composição é aumentada por uma tabua-larga (*Typha latifolia*) fálica e pelas ervas em movimento giratório no pântano úmido aos seus pés.

Estampa 4

Estrela-de-belém e outras plantas, c. 1508, Coleção Windsor,
Landscapes, Plants and Water Studies, fólio 16f.
[Estudos sobre Paisagens, Plantas e Água]

A estrela-de-belém da água (*Ornithogalum umbellatum*) foi identificada como a espécie de erva aos pés da Leda ajoelhada na Estampa 3. Aqui, a folhagem está desenhada de maneira bem estilizada, formando espirais que lembram um vórtice de água. Há três outras espécies neste estudo: um ranúnculo bulboso (*Ranunculus bulbosus*) à esquerda, uma anêmona-dos-bosques (*Anemone nemorosa*) à direita, e uma eufórbia amigdaloide (*Euphorbia amygdaloides*) embaixo. Todas as plantas representadas nesse fólio têm fortes propriedades tóxicas.

Estampa 5

Estudo para a cabeça de *Leda*, c. 1507-08,
Coleção Windsor, Volume III, fólio 323.

As espirais da elaborada peruca da figura e os fios encrespados dos cabelos que
dela irrompem mostram o fascínio de Leonardo pela espiral como símbolo da
fecundidade e do poder procriador da natureza.

Estampa 6

A Virgem dos Rochedos, c. 1483-86,
Museu do Louvre, Paris.

Nesta obra-prima, Leonardo demonstra profundo conhecimento tanto das formas geológicas quanto das formas botânicas. As plantas luxuriantes que preenchem a gruta rochosa natural são representadas com absoluta precisão botânica, cada uma em um *habitat* específico e estágio de desenvolvimento de acordo com a estação.

Estampa 7

Sala dos Eixos, Castelo Sforzesco, Milão, 1498-99,
detalhe da decoração.

Leonardo pintou um pequeno bosque de amoreiras, com os troncos projetando-se para o teto como colunas que sustentam a abóbada verdadeira e os ramos entrelaçando-se para formar um intrincado labirinto de exuberante vegetação. Com o seu vasto conhecimento das plantas, ele estava em condições de conferir aos ramos e às folhas um aspecto realista de crescimento luxuriante.

Estampa 8

Sala dos Eixos, Castelo Sforzesco, Milão, 1498-99, detalhe da decoração.

O frondoso labirinto de Leonardo transmite inúmeros significados simbólicos. A própria amoreira (*Morus*) é rica em simbolismo e estava associada à produção da seda, uma indústria importante em Milão.
A relação com a indústria é reforçada pela faixa infinita dourada que se enovela entre os ramos. Esta evoca a elegância da corte dos Sforza e lembra também a produção de ouro, outra especialidade dos milaneses. Em um nível ainda mais profundo, a decoração de Leonardo pode ser interpretada como um símbolo da sua ciência.

Estampa 9

Pequeno bosque de árvores, c. 1508, Coleção Windsor,
Landscapes, Plants and Water Studies, fólio 8f.

Este estudo mostra um pequeno bosque formado por várias espécies de árvores
com diferentes ramificações e diversos tipos de folhagem. Os efeitos da luz e da
sombra, causados por uma densidade variável da ramificação e pela tonalidade
de fundo, são representados com maestria.

Estampa 10

Estudo de árvore, c. 1508, Coleção Windsor,
Landscapes, Plants and Water Studies, fólio 8v.

Neste elegante estudo de uma árvore solitária, provavelmente um olmo (*Ulmus sp. p.*), os sofisticados efeitos da luz que se demora sobre os ramos e as folhas são reproduzidos de modo soberbo.

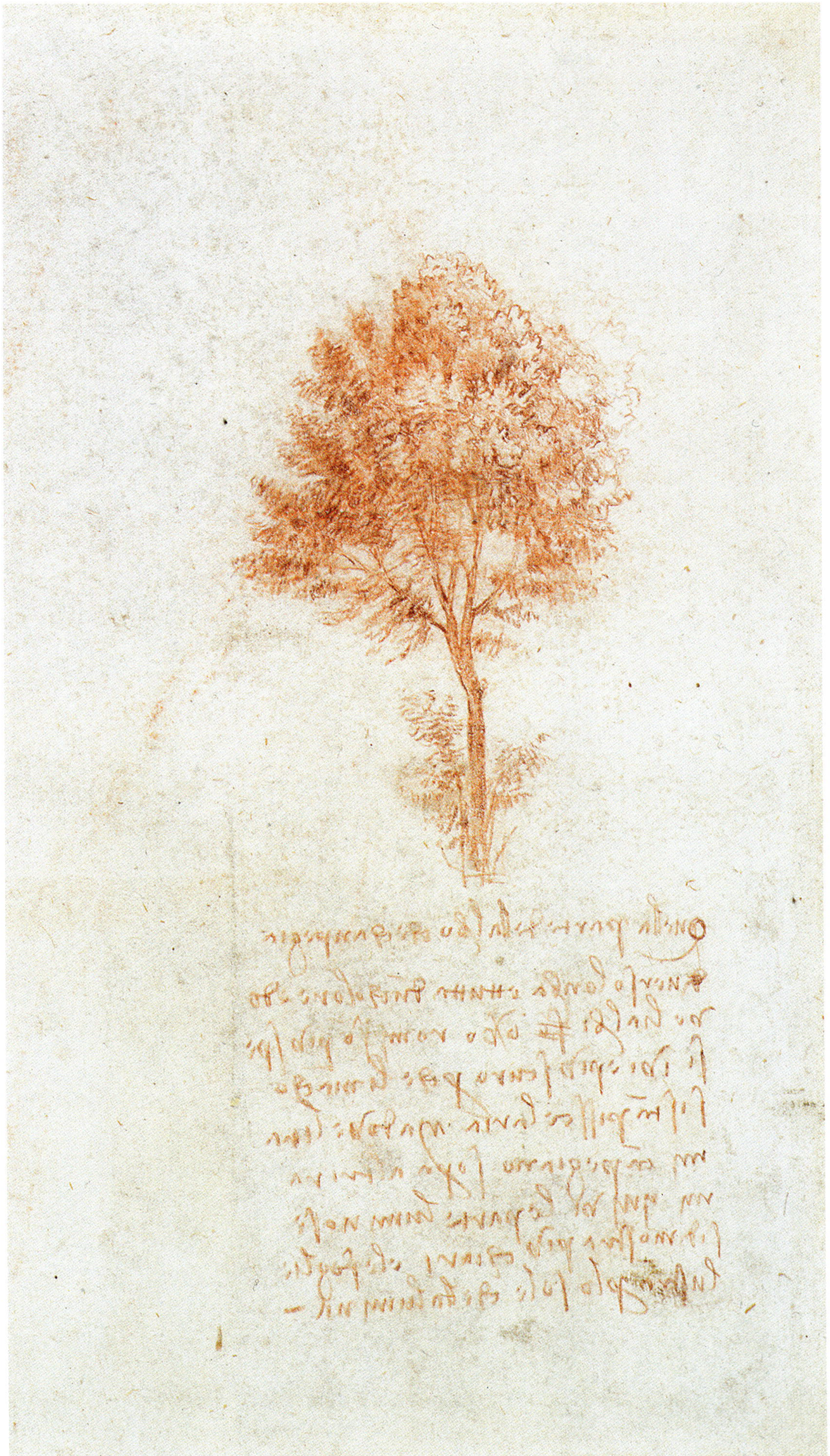

Estampa 11

Lírio branco (*Lilium candidum*), c. 1472-75, Coleção Windsor,
Landscapes, Plants and Water Studies, fólio 2f.

Este estudo é considerado uma obra-prima de representação botânica, com
a reprodução profundamente precisa dos seis estames do lírio, do invólucro
floral dividido em seis pétalas e da disposição das folhas no caule.

Estampa 12

Amora-preta (*Rubus fruticosus*), c. 1505,
Coleção Windsor,
Landscapes, Plants and Water Studies, fólio 19f.

Leonardo fez muitos estudos sobre a amora-preta, provavelmente como preparação para *Leda*. É possível que este ramo seja o mais completo e acabado.

Estampa 13

Espadana-da-água (*Sparganium erectum*), c. 1506-08, Coleção Windsor,
Landscapes, Plants and Water Studies, fólio 17f.

Estampa 14

Tabua-larga (*Thypha latifolia*), c. 1506-08, Coleção Windsor,
Landscapes, Plants and Water Studies, fólio 17v.

Estes dois estudos de plantas aquáticas fazem parte, sem dúvida, dos muitos
estudos botânicos para *Leda e o cisne*.
A espadana-da-água na Estampa 13 está representada em pleno fruto. A tabua-
larga, no verso do mesmo fólio (Estampa 14), é claramente visível no estudo
Rotterdam da Leda ajoelhada (Estampa 3).

Estampa 15

Um raminho de carvalho (*Quercus robur s. l.*) com um ramo de giesta (*Genista tinctoria*), c. 1506-08, Coleção Windsor,
Landscapes, Plants and Water Studies, fólio 18f.

Leonardo frequentemente comparava duas ou mais plantas em um único estudo. Como em outros estudos, a escala relativa dos dois exemplares aparece aqui com toda precisão.

Estampa 16

Lágrimas-de-jó (*Coix lachryma-jobi*), c. 1508-09, Coleção Windsor,
Landscapes, Plants and Water Studies, fólio 25f.

A particular dobradura dos caules desta erva sugere que o estudo de Leonardo
podia estar relacionado à decoração das abóbadas. As folhas e sementes
características são representadas de modo acurado.

Estampa 17

Viburno (*Viburnum opulus*), c. 1506-08, Coleção Windsor,
Landscapes, Plants and Water Studies, fólio 21f.

Este estudo parece não ter relação com nenhuma das pinturas de Leonardo.
O ramo de folhas e o cacho de bagas são reproduzidos de modo admirável.

Estampa 18

Anêmona-dos-bosques (*Anemone nemerosa*, direita)
e Malmequer-dos-brejos (*Caltha palustris*, esquerda), c. 1506-08, Coleção
Windsor, *Landscapes, Plants and Water Studies*, fólio 23f.

Este é um apurado estudo botânico comparativo de duas espécies com flores
semelhantes, mas com diferente morfologia da folha.

Estampa 19

Estudo comparativo entre um junco (*Scirpus lacustris*, no alto) e uma espadana de pântano (*Cyperus monti*, embaixo), c. 1510, Coleção Windsor, *Landscapes, Plants and Water Studies*, fólio 24f.

A disposição cuidadosa, o conteúdo sistemático e a técnica gráfica deste estudo comparativo sugerem que Leonardo poderia tê-lo em mente como ilustração para um tratado sobre plantas.

153

Estampa 20

Ramificações de uma árvore em que a área total transversal dos ramos permanece constante em todos os níveis; Manusc. M, fólio 78v.

"Todos os ramos das árvores em qualquer grau da sua altura, reunidos, são iguais à grossura do seu tronco." (Manusc. I, fólio 12v.)

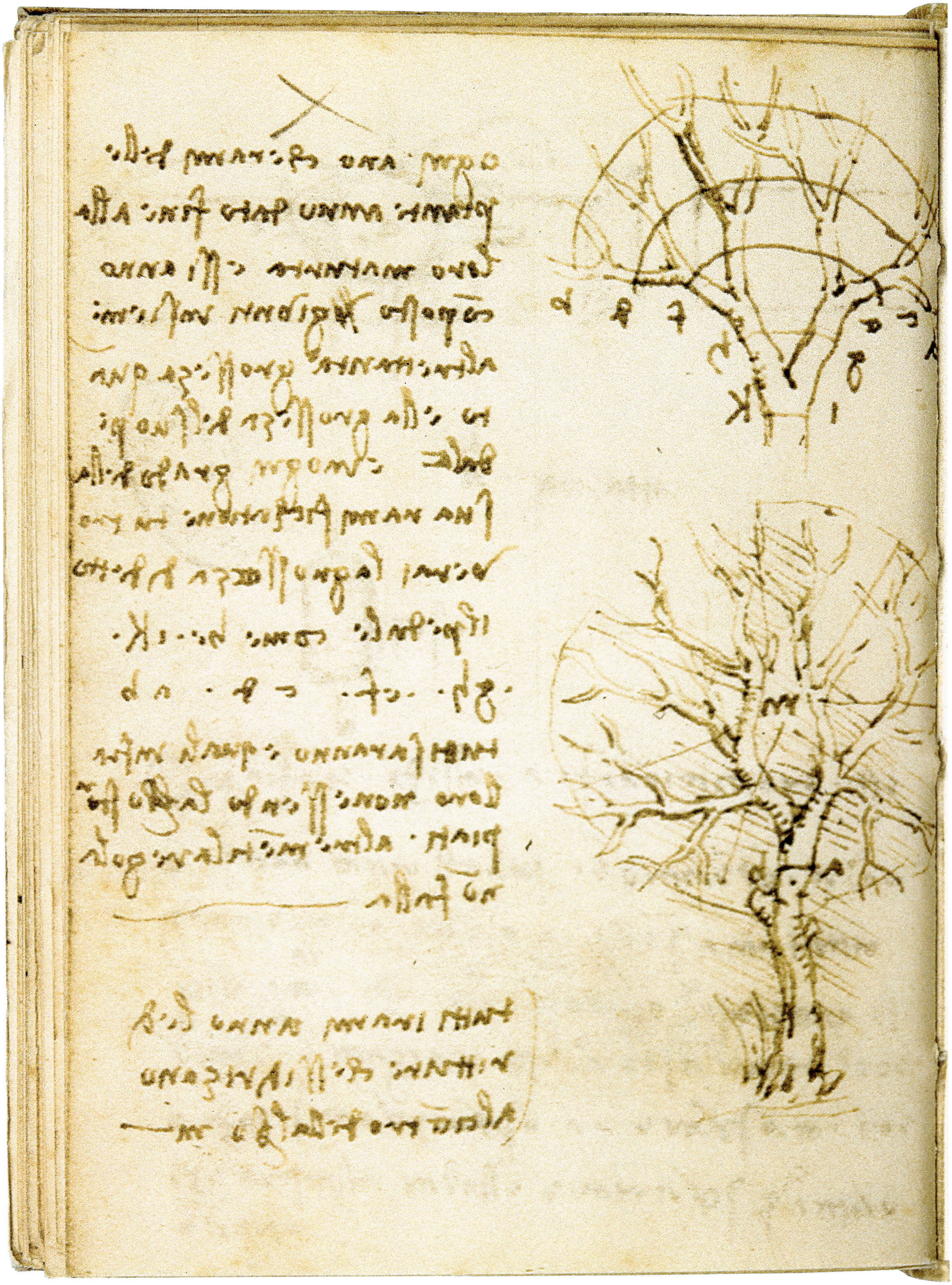